AF357048

MÉMOIRE

RELATIF

A LA DESTRUCTION

DES HANNETONS.

MÉMOIRE

RELATIF

A LA DESTRUCTION

DES HANNETONS,

PAR LAFFAY,

HORTICULTEUR A AUTEUIL (SEINE.)

PARIS,

AUGUSTE MIE, IMPRIMEUR,

RUE JOQUELET, 9.

1834.

MÉMOIRE

RELATIF

A LA DESTRUCTION

DES HANNETONS.

<hr>

En composant ce Mémoire dans l'intention d'être utile à mes concitoyens, je n'entreprendrai pas de décrire ce que des personnes plus instruites que moi ont dit sur l'histoire du Hanneton et ses diverses métamorphoses, mais seulement de donner les moyens que je crois *les plus efficaces* pour arrêter les progrès effrayans et par trop rapides d'un insecte qui menace les cultivateurs et la nation entière, d'une disette générale de tous végétaux. Je me suis déterminé à tracer les observations que j'ai faites à ce sujet, pour parvenir à anéantir les progrès dévastateurs de ce scarabée.

Jusqu'à ce jour, personne, je pense, n'a encore publié aucun moyen pour porter remède à la voracité des Hannetons (si ce n'est de recommander de les faire ramasser), en employant à grands frais

beaucoup de bras ou quelques procédés insigui-
fians.

Il existe une loi pour la destruction des chenilles;
malheureusement elle n'est mise à exécution que
par un très petit nombre de personnes ; une sem-
blable loi pour les Hannetons serait très nécessaire,
et d'autant mieux observée, qu'elle est désirée
par grand nombre de cultivateurs des départemens.
Espérons, enfin, que le Gouvernement nous oc-
troyant cette loi, agira de concert avec les propriétaires riverains de ses domaines, pour hâter
la destruction de ces insectes nuisibles.

Mon projet était d'annoncer ma découverte vers
le mois de mai prochain, mais un retard de trois mois,
devenant funeste à l'intérêt général (à cause des
préparatifs qu'exige mon procédé pour les grandes
cultures surtout), je suis déterminé à publier ce
Mémoire qui sera apprécié, j'espère, par toutes
les personnes qui s'intéressent à l'agriculture.

Moyen que je crois le plus efficace, le moins coûteux, et préférable à tous ceux employés jusqu'à ce jour pour atteindre le but qu'on se propose depuis long-temps : LA DESTRUC-TION GÉNÉRALE DES HANNETONS.

————

Jusqu'à ce jour, le moyen employé pour la destruction des Hannetons, a été de leur faire la chasse, en employant des hommes, femmes et enfans, en les occupant à la journée ou à la tâche, à ramasser ces insectes sur les haies vives et les arbres.

Ce moyen déjà bon, *n'atteindra jamais* le but que je propose.

Plusieurs personnes pensent qu'il serait bien de se réunir, pour faire des battues générales dans un canton donné, ainsi que l'on fait en province, pour détruire les loups : ce moyen est bon, comme je viens de le dire ; mais je pense qu'il ne peut convenir qu'à certains lieux, c'est-à-dire aux petites propriétés ; tandis que celui que je propose pourra s'appliquer à toutes les localités.

J'ai remarqué que les Hannetons sont friands plus ou moins de certains végétaux ; ce sont d'après mes observations : l'érable plane, acor platanoïdes, l'érable sycomore, acer pseudoplatanus, l'épine blanche ou aubépine , cratégus oxicantha et le peuplier. Des arbres sur lesquels les Hannetons paraissent s'acharner le plus, le sycomore est, selon moi, celui auquel il faudrait s'attacher de préférence pour opérer, et c'est aussi celui que je propose à tous cultivateurs et propriétaires de planter en certain nombre, suivant l'étendue de leurs propriétés.

Dans les grandes cultures, c'est-à-dire dans les fermes, il sera bon d'en planter au moins six par arpens, en les tenant éloignés l'un de l'autre, ou en en formant des petits bois d'une vingtaine, placés à huit ou dix pieds de distance et en forme de quinconce; c'est alors que, pendant la durée des Hannetons, on sera sûr d'en trouver tous les matins une ample provision, ainsi que sur les haies d'aubépine, assez communes sur les lisières des bois. Ce sont ces arbrisseaux sur lesquels ces insectes s'assemblent le soir , dans le moment de leurs amours.

La plupart des fermes qui se trouvent situées près des bois, sont celles dont les terres sont préférées par les femelles des Hannetons, et qu'elles ont l'habitude de choisir pour y déposer leurs œufs (1). C'est donc à l'entrée des bois qu'il faudra planter, ainsi que je viens de le dire, de préfé-

____

(1) Plusieurs personnes assurent que la femelle du Hanneton pond ses œufs en volant; ils s'appuient de ce qu'ils ont quelquefois pris de ces femelles qui avaient un chapelet d'œufs pendant au ventre; cela ne prouve pas qu'elles pondent en l'air. Je suis persuadé que ce n'est que

rence les petites remises d'érables; c'est aussi dans ces endroits qu'il faudra opérer.

Pour faciliter la prise des Hannetons sur les érables, il serait bon de tenir les têtes de ces arbres à la hauteur de quatre à six pieds d'élévation, pour avoir moins de peine à atteindre ce but; car il arrive souvent, qu'en secouant fortement les arbres qui en sont chargés, il y en a toujours quelques-uns qui s'envolent, et vont porter leur voracité plus loin.

Comme je m'occupe en ce moment de la destruction des Hannetons sur les grandes cultures, je pense qu'une seule personne pourrait suffire, pendant la durée de ces insectes, pour opérer la destruction, tant de ceux qu'elle trouvera sur les sycomores et les aubépines, que de ceux qui viendront se jeter dans les filets qui leur seront tendus aux environs.

Ces filets devront avoir, s'il est possible, huit pieds au moins de largeur, et une longueur indéterminée; plus ils seront longs, mieux vaudra. Ils devront être fixés à des perches à la hauteur d'environ quatre pieds de terre. Lorsqu'ils seront tendus, il faudra les enduire avec une brosse

par accident qu'on en voit ainsi; d'ailleurs, les larves ne peuvent vivre hors de la terre, et ils y meurent quelque temps après en avoir été extraits.

de peintre, de goudron (1) liquide et à froid, c'est-à-dire, non chauffé, mêlé d'un peu d'huile grasse, s'il était trop épais, afin de le tenir plus long-temps liquide et gluant, pour empêcher les Hannetons qui viendront s'y jeter, de pouvoir s'en retirer.

Une recommandation bien urgente à faire aux cultivateurs en général, c'est la conservation des oiseaux insectivores, les corbeaux, les corneilles et les moineaux, qui en détruisent une immense quantité. En Prusse, le dégât occasioné par les Hannetons, il y a quelques années, a nécessité la multiplication et la conservation des oiseaux qui se nourrissent d'insectes. En France, depuis la révolution, et depuis, surtout, l'année 1830, presque tous les volatiles sauvages ont

---

(1) Dans le mois de juin dernier, vers la fin de la ponte des Hannetons, ayant répandu sur un carré de terre recouverte de paillis de vieux fumier, du goudron liquide et froid qui me restait, et dont je n'avais plus besoin, je vis, quelques jours après, une quantité de Hannetons, dont les pates et les ailes étaient imprégnées de cette résine, attachés et mourans sur le paillis où ils étaient tombés. Voilà ce qui me donna l'idée qu'on pourrait se servir de ce produit végétal pour détruire à peu de frais ces insectes nuisibles.

La glu, si elle n'était pas si chère, conviendrait autant et mieux que le goudron, en ce qu'il en faudrait moins. Ne pourrait-on pas recommencer à en fabriquer avec le gui qui est si commun en France ? En Belgique, on en fait avec de l'huile de lin réduite sur le feu. En France, c'est avec l'écorce du houx qu'on fait la meilleure, ainsi qu'en Angleterre.

été la proie des chasseurs. Une loi agricole devrait arrêter les progrès de la destruction de ces oiseaux.

Un peuple non moins industrieux et civilisé que nous, les Hollandais, se font un scrupule religieux de détruire les grues et les cigognes, oiseaux d'une grande utilité dans ces pays, surtout dans le moment des Hannetons.

DESTRUCTION DES HANNETONS DANS LES PETITES CULTURES.

Parmi les petites cultures, les potagers, les vergers et les pépinières, sont les endroits où les vers ou larves des Hannetons font le plus grand dégât. Il ne s'agit pas seulement d'arrêter les Hannetons, il faut aussi empêcher les femelles d'entrer en terre pour y déposer leurs œufs, qui, étant éclos, vers le mois de juillet, et devenus ainsi larves, devront, pendant deux ans de suite, dévorer tous les végétaux qu'ils rencontreront.

Pour empêcher cette ponte si cruelle pour le cultivateur, il sera urgent pour celui qui est à proximité des capitales, de pailler le terrain qu'il veut préserver des vers, de paillis composés des débris de couches à champignons ou de fumier de cheval, qui a déjà servi à faire des couches à melons, et qui n'est pas encore réduit en terreau ; ou , faute de mieux, de litière de cheval, ou même de feuilles sèches. Dans la campagne, les feuilles, la fougère brisée, la mousse, seront autant de moyens de préservation. Une couche d'un pouce ou deux d'épaisseur, étendue sur ledit terrain, suffira pour empêcher les femelles d'entrer en terre. Lorsque le terrain que l'on veut préserver sera ainsi recouvert, on répandra une légère trace du liquide précité, avec un arrosoir à balayer, en dessinant, par le moyen du trou, une sorte de réseau d'environ quatre pouces de diamètre.

Dans les pépinières, on pourra, sur un carré de semis de pommiers, pins, sapins, etc., répandre, de distance en distance, quelque peu de goudron entre les semis et même sur les feuilles, ainsi qu'autour des carrés ou planches qui devront être entourés de paillis d'une largeur d'au moins dix-huit pouces, et recouvert également d'un réseau de liquide.

Il est d'habitude, dans les potagers, de pailler tous les carrés ou planches, avant d'y planter les légumes, tant pour empêcher aux mauvaises herbes de pousser, que pour éloigner les rayons du soleil qui absorberaient trop vite les arrosemens ; on pourra former entre les légumes, les salades, les fraisiers, etc., un cordon de liquide avec l'arrosoir.

Toutes les personnes qui s'occupent de jardinage, remarquent que la femelle du Hanneton cherche à pondre de préférence aux pieds des salades et des fraisiers, et, dans les vergers, aux pieds des pommiers-paradis ; cela vient de deux causes faciles à reconnaître : d'abord, de ce qu'elle recherche les endroits frais, afin que l'humidité et la chaleur aident ses œufs à éclore, et de ce qu'elle sait que ses larves trouveront aux pieds des végétaux que je viens de citer, une nourriture convenable et de leur goût.

C'est donc autour de ces végétaux qu'il faudra s'attacher de préférence à leur tendre les piéges que j'indique.

Tout ce que j'ai dit jusqu'à présent ne s'étend qu'à la destruction des Hannetons ; on peut également détruire leurs larves, mais avec moins de facilité ; le moyen le plus sûr et le moins coûteux est de biner ou de labourer légèrement, au mois de mai, le terrain qui en est rempli, d'y semer force salade (romaine, laitue ou chicorée); la saison devenant plus chaude, les vers montent à quelques pouces au-dessous de la surface de la terre pour y chercher leur nourriture, et ne manquent pas de se jeter sur les racines des salades ; c'est alors qu'il est facile, avec un peu de patience, de les détruire, en soulevant avec une petite bêche la plante dont les feuilles commenceront à se faner.

On m'excusera, sans doute, si j'indique ce moyen déjà connu de tous les cultivateurs ; c'est seulement pour ajouter que les taupes rendent dans les endroits où leur travail ne nuit pas aux végétaux, un grand service aux agriculteurs, en ce qu'elles détruisent tous les vers qu'elles rencontrent sur leur passage.

Voilà quatre années que j'ai prédit que dans l'espace de dix ans l'on sera tourmenté si cruellement par la voracité de ces vers (si toutefois le nombre continue à se propager comme tout nous porte à le croire), que les dégâts et les ravages que ces larves causeront à l'agriculture, se feront sentir au moins autant, et peut-être plus, que ceux que causent les sauterelles en Italie et surtout dans les États Mahométans. Mais l'on aura toujours l'avantage sur ces pays, de pouvoir en arrêter les progrès, et même arriver à une entière destruction, en ce que nos ennemis sont sédentaires, tandis que les sauterelles sont nomades ; et, s'il arrive quelquefois que les Hannetons sont portés en essaims par les vents, c'est toujours pour s'arrêter dans le canton qui les a vu naître.

NOTE.

Les Hannetons ne pondent point dans les bois; ils ne font qu'y prendre leur nourriture : aussi, y voit-on très peu de jeunes arbres attaqués par les vers. Il paraît que cela vient de ce que le terrain se trouvant trop ombragé par les têtes des arbres, la femelle, par un instinct qui lui est propre, ne s'avise que très rarement d'y déposer ses œufs. La nature lui indique d'ailleurs que les rayons du soleil ne pouvant pénétrer jusqu'à terre, sa progéniture ne saurait y éclore.

— Un de mes confrères en horticulture, M. Vibert, un de ceux à qui les vers blancs ont fait un tort considérable, et qui a écrit l'histoire du Hanneton et de ses ravages, prétend, qu'en foulant avec les pieds une partie du terrain de sa pépinière qui est dans la classe des terres fortes, et au moment de l'apparition de ces insectes, il empêcha, l'été dernier, aux femelles d'y pénétrer, et, par conséquent, d'y déposer leurs œufs. Ce moyen, tout bon qu'il est, ne peut convenir qu'à certains sols et qu'à certaines cultures.

FIN.